BEI GRIN MACHT SICH IHR
WISSEN BEZAHLT

Josephin Arend

Topographie im Geographieunterricht

GRIN Verlag

Bibliografische Information der Deutschen Nationalbibliothek:

Die Deutsche Bibliothek verzeichnet diese Publikation in der Deutschen National-
bibliografie; detaillierte bibliografische Daten sind im Internet über http://dnb.d-
nb.de/ abrufbar.

Impressum:

Copyright © 2011 GRIN Verlag GmbH
Druck und Bindung: Books on Demand GmbH, Norderstedt Germany
ISBN: 978-3-656-46648-2

Dieses Buch bei GRIN:

http://www.grin.com/de/e-book/230712/topographie-im-geographieunterricht

GRIN - Your knowledge has value

Der GRIN Verlag publiziert seit 1998 wissenschaftliche Arbeiten von Studenten, Hochschullehrern und anderen Akademikern als eBook und gedrucktes Buch. Die Verlagswebsite www.grin.com ist die ideale Plattform zur Veröffentlichung von Hausarbeiten, Abschlussarbeiten, wissenschaftlichen Aufsätzen, Dissertationen und Fachbüchern.

Besuchen Sie uns im Internet:

http://www.grin.com/

http://www.facebook.com/grincom

http://www.twitter.com/grin_com

Friedrich-Schiller-Universität Jena

Institut für Geographie

Seminar: Geo 251 - Didaktik II - Unterrichtsplanung

Sommersemester 2011

Persönliche und didaktische Reflexion über die Rolle und

Funktion der Topographie im Geographieunterricht

Vorgelegt von:

Josephin Arend

Studienfacher: LAR Franzosisch/Geographie

Jena, den 27.07.2011

In der vorliegenden Arbeit möchte ich rückblickend die Bedeutung der Topographie in meinem erlebten Schulunterricht reflektieren, meine Erfahrungen mit diesem Unterrichtsfach darlegen sowie die Sichtweisen ausgewählter Geographie-Didaktiker analysieren. Der Schwerpunkt hierbei liegt in der Reflexion meiner eigenen Erfahrungen. Von der Unter- bis zur gymnasialen Oberstufe wurde der Topographie eine besondere Bedeutung beigemessen. Bereits in der Grundschule im Fach „Heimat und Sachunterricht" (Sachsen-Anhalt) erlernten wir den Umgang mit dem Atlas beziehungsweise dem Globus, den Grobklimazonen, sowie die Anordnung der Kontinente.

Besonderes Augenmerk wurde hier aber zunächst auf das Wissen größerer Städte, Flüsse, Bodenschätze etc. meiner Heimatregion Magdeburg gelegt. Dieser Einstieg macht meines Erachtens Sinn, da eine Auseinandersetzung mit der eigenen Region wichtig ist, um das Interesse am Geographie-Unterricht zu wecken.

Später erfolgte dann ein geographischer Grobüberblick über die einzelnen Kontinente mit ihren klimatischen, politischen und sozialen Gegebenheiten. Mit jedem Schuljahr wurde so das Basiswissen über die einzelnen Kontinente erweitert und vertieft.

Bereits hier eigneten wir uns Kenntnisse über die Form beziehungsweise Größenverhältnisse an, erlernten die Lage größerer Städte und Flüsse, aber ohne weitere Zusammenhänge und Vertiefungen. Aus geographie-didaktischer Sicht wird diesem Aspekt eine besondere Bedeutung beigemessen.

Mit Blick auf die Sichtweise von den geographisch-didaktischer Sicht wird deutlich, dass es ein wesentlicher Bestandteil des Geographieunterrichts sei, sich topographisches Grundwissen anzueignen, um eine Vorstellung von der Gestalt der Erde zu bekommen.[1]

Sie betonen die Wichtigkeit der „Kenntnisse der Gestalt von Kontinenten und Ländern, Namen von Städten, Flüssen und Landschaften sowie deren Lage."[2]

Andere Didaktiker wie beispielsweise *Kirchberg* und *Fuchs* vertreten hier hingegen eine andere Ansicht, auf die ich im Verlauf der Arbeit noch eingehen werde.

Zur Vermittlung geographischer Kenntnisse kamen in meinem Geographieunterricht verschiedene Methoden, wie Kartenarbeit, Arbeit mit dem Lehrbuch, dem Einsatz von Medien, die Durchführung von Exkursionen, topographische Spiele etc. zum Einsatz. Anhand einiger von mir gewählten Methoden möchte ich die Bedeutung des Topographie-Unterrichts für die Geographiestunden im Nachfolgenden näher erläutern.

---

1   Vgl. SCHULTZE 1996:34
2   Ebd.: 34

Die Kartenarbeit nahm den wichtigsten Stellenwert ein, mit ihr wurde quasi jede Stunde eingeleitet. Dies gestaltete sich so, dass ein Schüler an die Wandkarte musste und bestimmte, vom Lehrer vorgegebene geographische Objekte zeigen sollte. Der Lehrer benotete die Kenntnisse entsprechend. Somit wusste jeder Schüler Bescheid, dass auch er nächstes Mal an die Karte kommen könnte und bereitete sich daher zu jeder Stunde vor.

Die Kartenarbeit beschränkte sich hier zunächst auf das vom Lehrer geforderte Zeigen von Städten, Flüssen, Ländern etc. Doch Topographie bedeutet für Geographie-Didaktiker weitaus mehr. Wie oben erwähnt, vertreten die Didaktiker *Kirchberg* und *Fuchs* andere Ansichten. Bezüglich *Fuchs* schließt der Bereich der Topographie auch die Wirtschaft, das Klima und soziale Aspekte mit ein.[3]

Kirchberg formuliert die Topographie als Fähigkeit zur ‚Orientierung auf der Erde'. Er führt dazu wie folgt aus:

> ‚Sie faßt … die Handlungen zusammen, die aus topographischen Kenntnissen resultieren, und sie drückt aus, daß es um eine Fähigkeit geht, die-über die Schulzeit hin-aus – als verfügbare Verhaltensdisposition von Bedeutung ist.'[4]

Dieses Zitat verdeutlicht, dass das Erlernen der Fähigkeit zur Orientierung als das A und O der Topographie gesehen werden muss.

Der gleichen Auffassung ist auch *Richter*. Dieser sieht es als entscheidendes Kriterium des Geographieunterrichts an, dass der Schüler die Fähigkeit erwirbt, sich orientieren zu können.[5]

Auch *Schultze* sieht es als eine wichtige topographische Aufgabe an, ‚eine methodisch scharf abgesetzte zusätzliche ‚Kartenarbeit' [zu fordern], der etwa 20% der verfügbaren Zeit gewidmet wird.'[6]

Allerdings denkt er im Rahmen der Kartenarbeit an praktische Aufgaben, die momentan nicht in Verbindung mit dem eigentlich behandelten Unterrichtsthema stehen. Dies wird von den meisten Didaktikern hingegen abgelehnt, da sich die Übungen immer auf das Unterrichtsthema beziehen sollten, um die Schüler nicht zu verwirren.[7]

Meine Erfahrungen hinsichtlich der Kartenarbeit waren sowohl in der Grund- als auch

---

3 Vgl. Schultze 1996:138
4 Kirchberg 1977:27
5 Vgl. Richter 1977:42
6 Schultze 1996:34
7 Ebd.: 34

Oberstufe positiv. Das Arbeiten an der Karte hat mir Spaß gemacht, weil es im Vergleich zum angeordneten Tafelbild nicht zu „trocken" war.

Eine weitere Methode meines Unterrichts war die Arbeit mit der sogenannten „stummen" Karte beziehungsweise Umrisskarte, auf der wir bestimmte vorgegebene geographische Objekte eintragen beziehungsweise einordnen mussten. Zunächst erfolgte die Einordnung mit Hilfe des Atlas. Später waren die Karten ohne fremde Hilfe auszufüllen und zu vervollständigen. Diese Umrisskarten enthielten eingeschränkte Informationen, die von uns Schülern ergänzt werden sollten. In meinem Geographieunterricht waren die Karten auf die bestimmte Jahrgangsstufe abgestimmt. Das Anspruchsniveau wurde der Klassenstufe entsprechend angehoben. Die Karte war für mein geographisches Verständnis das Wesentlichste und beste Arbeitsmittel, da ich hier Erkenntnisse über die geographischen Räume gewann und darüber hinaus auch noch lernte, Karten richtig zu lesen und zu interpretieren.

Das „Einordnen" als Unterrichtsmethode ist nach Kirchberg eine ergänzende Methode des „[s]ich orientieren[s]". Kirchberg führt dazu an:

> „Das ‚Einordnen` ist das methodische Unterrichtsprinzip, das zu Orientierungsfähigkeit und damit zum Kern des Topographie-Lernens hinführt. Nur so kann das geforderte selbständige Beherrschen von Lagebeziehungen operationalisiert werden."[8]

Die „stummen" Karten enthielten zunehmend weniger Informationen. Mir persönlich hat diese Arbeit besonders Spaß gemacht, da ich mein erworbenes Wissen hier auch anwenden konnte.

Bei der Vermittlung topographischer Inhalte kamen auch Tafelbilder und Polylux zum Einsatz. Ich habe die Arbeit mit Tafelbildern in nicht so guter Erinnerung behalten, da es in meinem Unterricht so ablief, das die Geographielehrerin selbständig ein Tafelbild entwarf beziehungsweise dieses auf Folie bereits mitbrachte. Wir Schüler schrieben die von ihr erstellte Folie ab und hatten diese anschließend auswendig zu lernen. Dieses Wissen wurde dann in schriftlichen und mündlichen Kontrollen abgefragt. Die Folien waren immer vorgegeben und es war kein Spielraum für Meinungsäußerungen und Anregungen von Schülern.

Das Tafelbild enthielt wie die Polyluxfolien reduzierte Informationen und einzelne Stichwörter beziehungsweise wesentliche Schlagwörter zum jeweiligen Thema, welches dann mit Hilfe des Lehrbuches von uns Schülern meist selbständig zu Hause

---

8 SCHULTZE 1996:142

erarbeitet und herausgeschrieben werden sollte. Häufig diente das Tafelbild zur Visualisierung von Mind-Maps.

Mein Geographielehrbuch kam im Unterricht selbst kaum zum Einsatz. Es diente in der Regel zur Vertiefung des vermittelten Wissens. Wir verwendeten in der Oberstufe das Buch *TERRA Erdkunde S II Räume und Strukturen*. Ich habe gern mit diesem Buch gearbeitet, ich fand es übersichtlich gestaltet, da die topographischen Inhalte verständlich und prägnant dargestellt wurden. Das Lehrbuch war in einer ansprechenden Form gestaltet, dass ich auch außerhalb des Geographie-Unterrichts darin gelesen habe. Gerade die farbigen Bilder und Graphiken haben mein Interesse geweckt die entsprechenden Texte zu lesen. Zur Funktion des Schulbuches führt *Stein* (1991) an, dass das Schulbuch sowohl aus politischer, pädagogischer, als auch informativer Sicht betrachtet werden muss. Das heißt, es muss für Schüler altersentsprechend gestaltet sein und sich auf dem aktuellen politischen Stand befinden.[9]

Eine sehr interessante und abwechslungsreiche Arbeitsweise zur Vermittlung topographischer Kenntnisse waren beispielsweise auch Exkursionen unter vorgegebener Aufgabenstellung, auf die ich hier aufgrund des vorgegebenen Rahmens nicht näher eingehen kann.

In der vorliegenden Arbeit habe ich schwerpunktmäßig einige Erfahrungen mit meinem erlebten Geographieunterricht dargelegt – Erfahrungen, die ich rückblickend als positiv werten möchte. Mein Fazit lautet aus diesem Grund, dass der Topographie im Unterricht eine besondere Bedeutung beigemessen werden sollte, so wie es auch die Didaktiker fordern. Ich kann mir gut vorstellen, das ein oder andere selbst als künftige Geographielehrerin methodisch einzusetzen. Ich würde aber dann die Erfahrungen der Schüler mehr mit einbeziehen.

---

9 STEIN 1991:754

Literatur:

Böhn, D. & J.-B. Haversath (1994): Zum systematischen Aufbau topographischen Wissens. Geographie und ihre Didaktik. Heft 1, S.1-20.

Kirchberg, G. (1984): Topographie und Orientierung. Aspekte zu einem unverzichtbaren Lernbereich des Geographieunterrichts. Praxis Geographie. Heft 4, S. 6-8.

Richter, D. (1977): Der Lernzielbereich „Sich orientieren" im Geographieunterricht der Sekundarstufe I. Geographie im Unterricht. H. 2, S. 42-47.

Schultze, A. (1996): 40 Texte zur Didaktik der Geographie. Gotha: Perthes

Sitte, W. & H. Hohlschlägl, Hrsg. (2001): Beiträge zur Didaktik des „Geographie und Wirtschaftskunde"-Unterrichts. Bd. 16. Wien: Institut für Geographie und Regionalforschung der Universität Wien.

Stein, G. (1991): Schulbücher in Lehrerbildung und pädagogischer Praxis. In: Roth, L. (Hrsg.): Pädagogik, Handbuch für Studium und Praxis. München.